U0359020

MathStart®
洛克数学启蒙 1

宇宙无敌舰长

[美]斯图尔特·J. 墨菲 文　[美]里米·西马德 图　吕竞男 译

海峡出版发行集团 | 福建少年儿童出版社
THE STRAITS PUBLISHING & DISTRIBUTING GROUP | FUJIAN CHILDREN'S PUBLISHING HOUSE

献给山姆·曼兹，他的母亲菲比·叶是“洛克数学启蒙”的无敌队长。

——斯图尔特·J. 墨菲

献给戈德玛家的孩子们。

——里米·西马德

著作权合同登记号：图字 13-2023-038号

图书在版编目（CIP）数据

洛克数学启蒙. 1. 宇宙无敌舰长 / (美) 斯图尔特·J.墨菲文；(美) 里米·西马德图；吕竞男译. -- 福州：福建少年儿童出版社，2023.9
ISBN 978-7-5395-8089-0

Ⅰ. ①洛… Ⅱ. ①斯… ②里… ③吕… Ⅲ. ①数学－儿童读物 Ⅳ. ①O1-49

中国国家版本馆CIP数据核字(2023)第005295号

LUOKE SHUXUE QIMENG 1 · YUZHOU WUDI JIANZHANG
洛克数学启蒙 1 · 宇宙无敌舰长

著　　者：[美] 斯图尔特·J. 墨菲　文　[美] 里米·西马德　图　吕竞男　译
出 版 人：陈远　出版发行：福建少年儿童出版社　http://www.fjcp.com　e-mail:fcph@fjcp.com　社址：福州市东水路 76 号 17 层（邮编：350001）
选题策划：洛克博克　责任编辑：邓涛　助理编辑：陈若芸　特约编辑：刘丹亭　美术设计：翠翠　电话：010-53606116（发行部）　印刷：北京利丰雅高长城印刷有限公司
开　　本：889 毫米 ×1092 毫米　1/16　印张：2.5　版次：2023 年 9 月第 1 版　印次：2023 年 9 月第 1 次印刷　ISBN 978-7-5395-8089-0　定价：24.80 元

宇宙无敌舰长

我是无敌舰长——
宇宙之王！

我和我的太空狗彗星，
一起征服了全宇宙。

我们乘坐着“雄鹰”号
宇宙飞船，无所畏惧，
一往无前。

可是，现在我们
必须返回地球。

回家的旅途有点麻烦。

危险潜伏在每个角落。

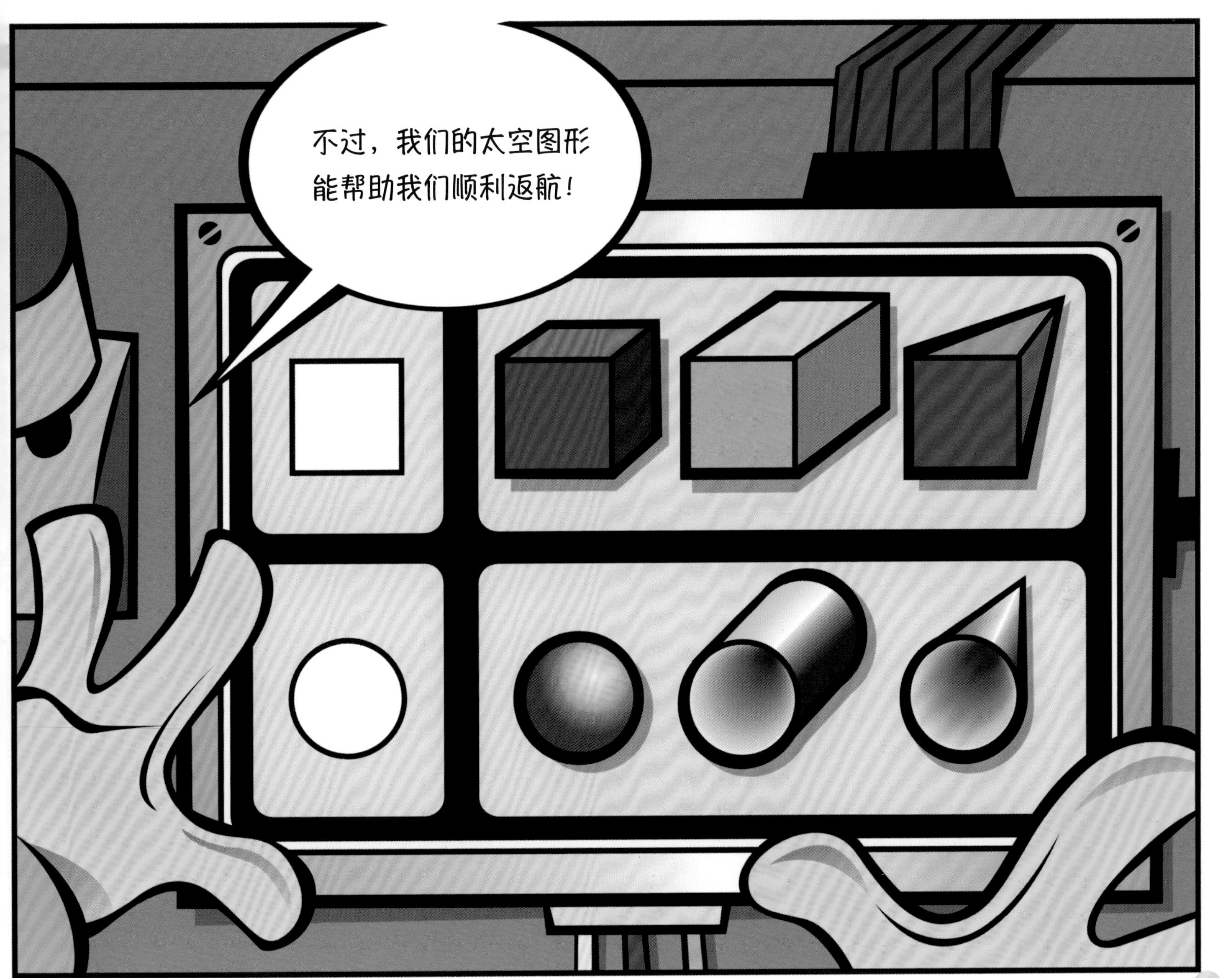
不过，我们的太空图形
能帮助我们顺利返航！

哎，糟糕！

遭遇流星雨！

小心！
如果被陨石砸到，
我们就回不了家啦。

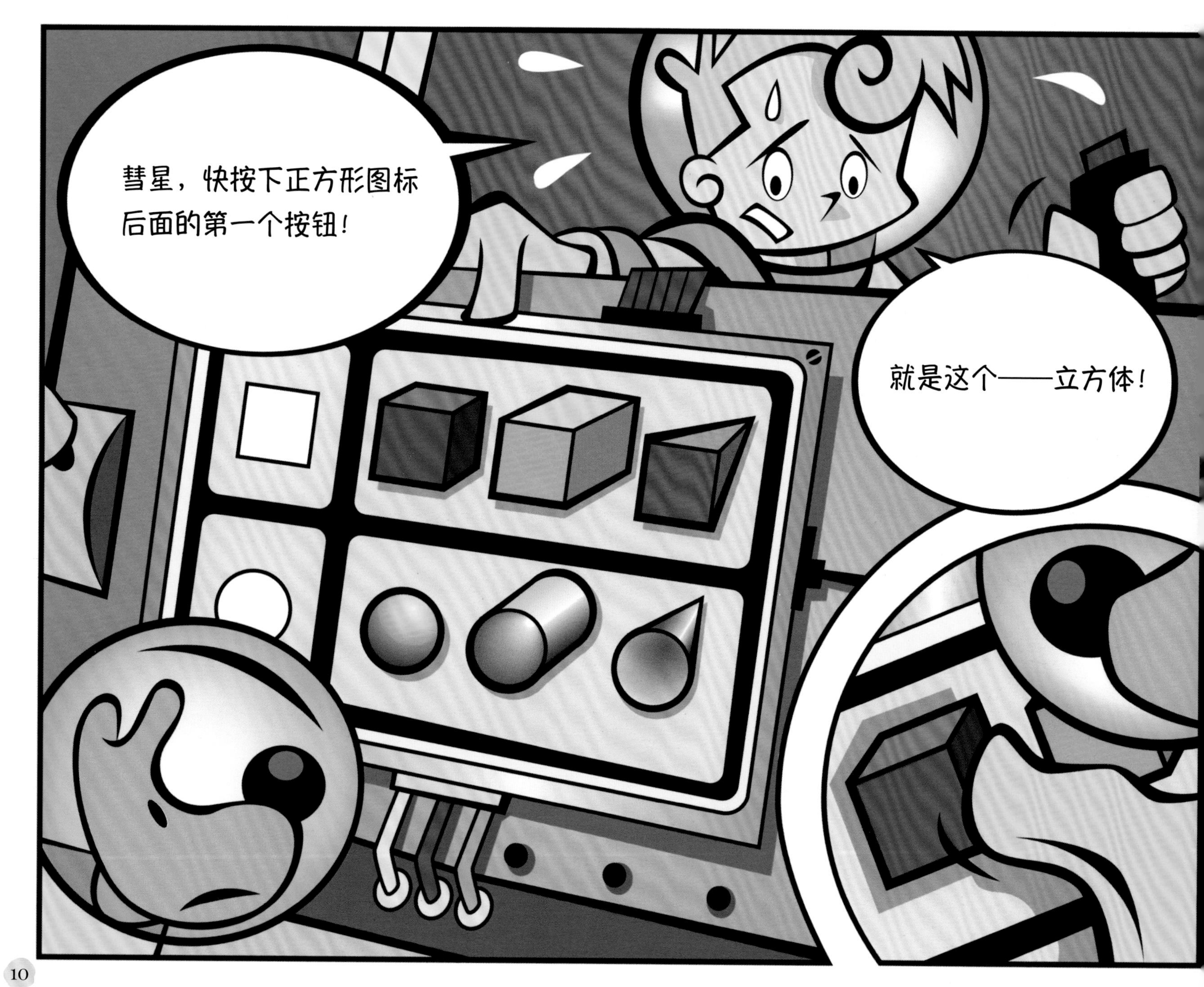
彗星，快按下正方形图标
后面的第一个按钮！
就是这个——立方体！

定向立方体会发出雷达
光束，帮助我们找到一
条安全路线。

幸好立方体上的6个
正方形都能正常工作。
想阻挡无敌舰长
的脚步，只有太
空碎石可不够。
嘿，明明都是
我完成的……

真奇怪，星星变得越来越模糊。
我们好像漂浮在……

一团毒气中！

绝对……不能……
晕……过去……

快去按下……

圆锥体!

我们马上就安全了，彗星。
圆锥体的底部是一个圆形，
可以吸入毒气，然后，从
圆锥体顶端流出来的就是
洁净的空气啦。

啊……太清新啦。

终于可以放松一下了——
怎么了，彗星？
汪！汪，汪！
哦，是那个吗？
不过是一个飞碟而已。

飞碟？！
天哪！！！

只剩一次机会——

棱锥体！

正方形底座稳稳当当，4个三角形侧面相交于一点，射出一束声波，将那个飞碟送回它该去的地方……
宇宙的另一端！

马上就能回到地球了，彗星。

我们会平安到家的，
只要不遇上……

银河怪兽！

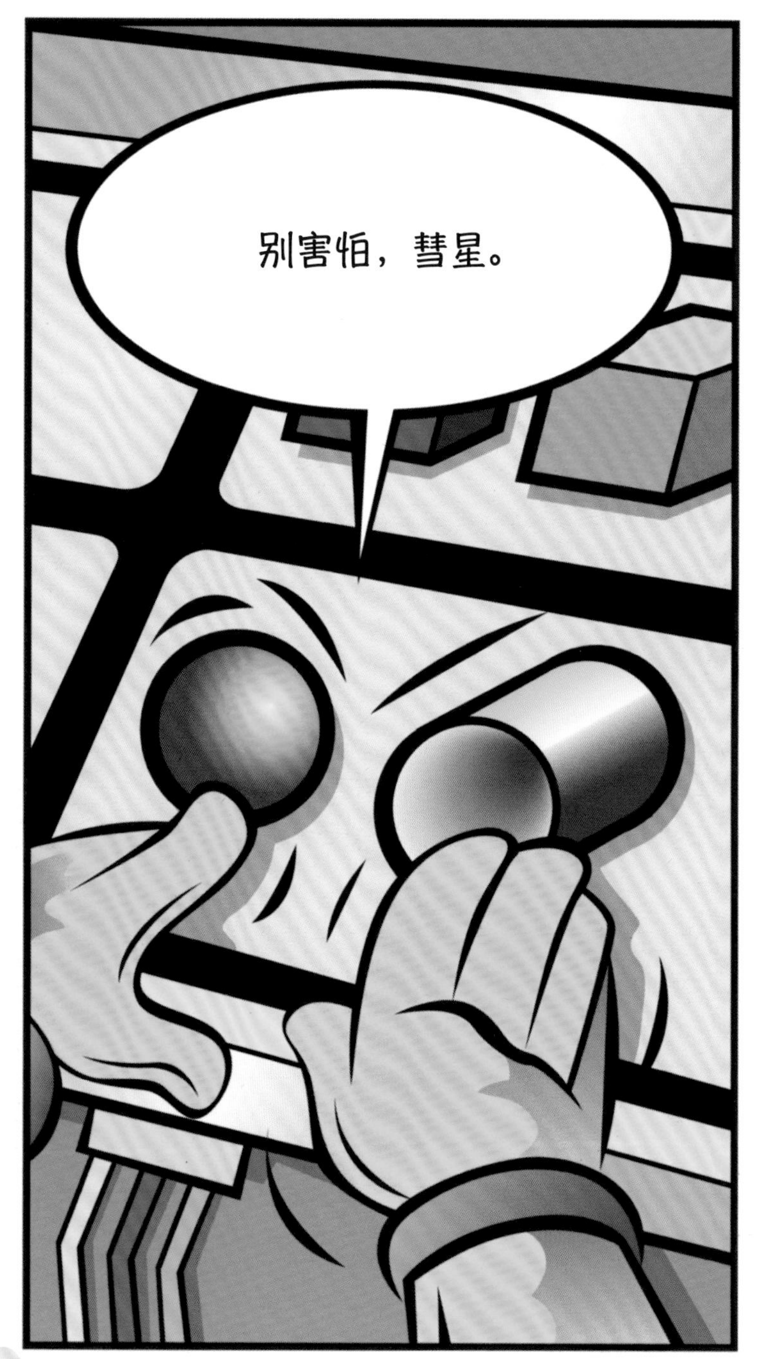
别害怕，彗星。

我们先发射圆柱体。
圆柱体的圆形底面打开后，可以释放出……

飞天球！

足够解决那只怪兽了。
汪！

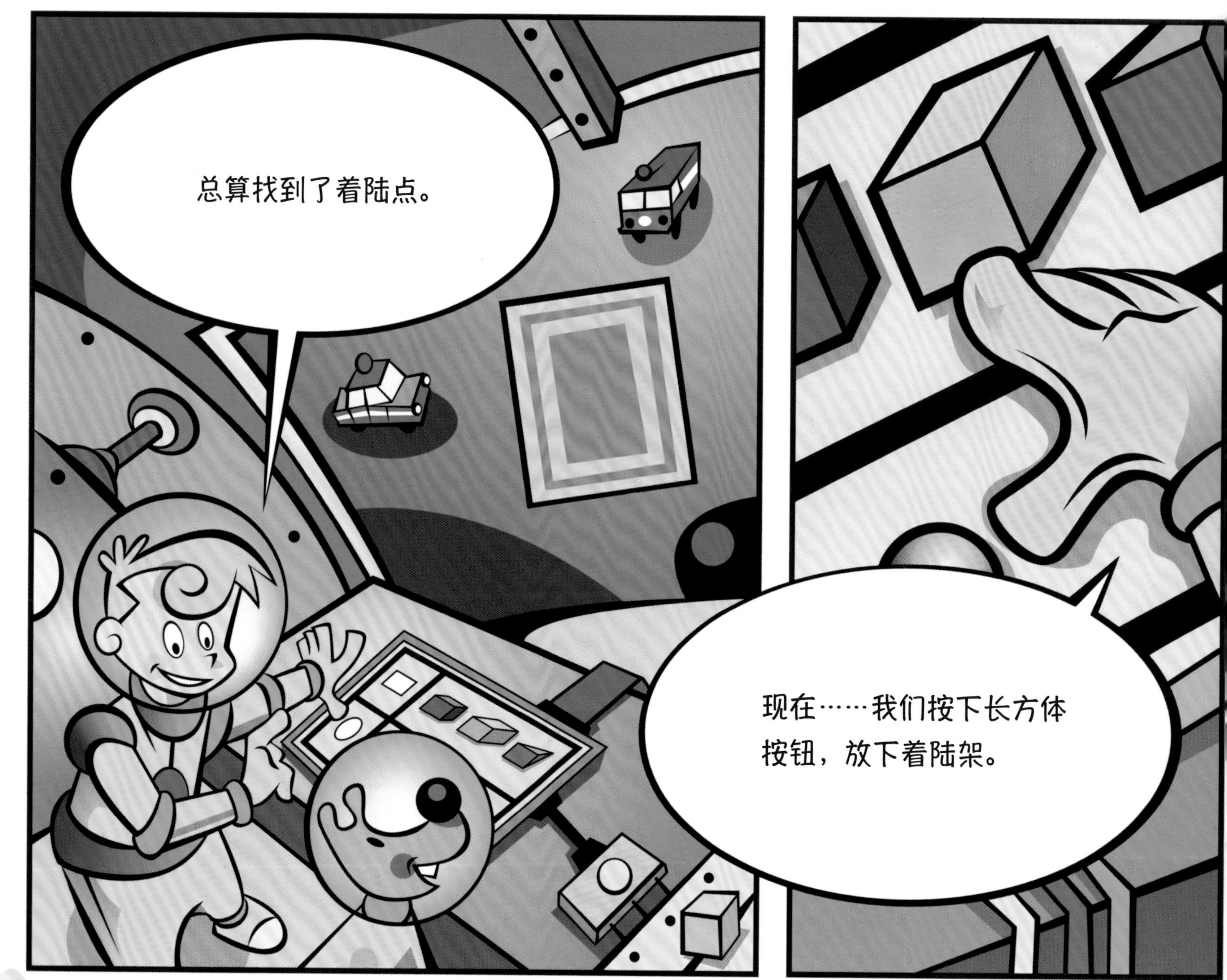
总算找到了着陆点。
现在……我们按下长方体按钮，放下着陆架。

着陆架弹出……我们就
快到达……就快……

嘿！

砰!
雄鹰号

宇宙无敌
舰长

"出什么事了？"爸爸问，"你把大家都吵醒了。"
"嘿，"布拉德说，"瞧瞧你的宇宙飞船，都散架了。"
"赶紧睡觉，山姆，"妈妈打着哈欠说，"明天再收拾这堆乱七八糟的东西吧。"

明天?

明天我要当惊奇船长——
海洋之王！

写给家长和孩子

《宇宙无敌舰长》所涉及的数学概念是立体图形。认识立方体、棱锥体和圆柱体等形状并学会分类，能为孩子将来学习几何知识奠定基础。

对于《宇宙无敌舰长》所呈现的数学概念，如果你们想从中获得更多乐趣，有以下几条建议：

1. 一起读故事前，先和孩子聊一聊乘坐宇宙飞船探险的有关知识，解释“无敌”一词的含义。制作一个像书中那样的仪表盘（见第7页），然后一边读故事，一边让孩子在仪表盘上寻找无敌舰长使用的立体图形。

2. 再次阅读故事，并让孩子在书中找找其他立体图形。

3. 向孩子提出问题：“在仪表盘上，正方形和与它同一排的其他图形有什么不同？”和孩子聊一聊正方形图标对应的那一排中所有图形的相同与不同之处，再讨论一下圆形图标对应的那一排。

4. 在故事的结尾，山姆梦想成为海洋之王——惊奇船长。让孩子编一个关于惊奇船长的故事，想象一下惊奇船长会如何使用这6种图形。

如果你想将本书中的数学概念扩展到孩子的日常生活中，可以参考以下这些游戏活动：

1. 图形大搜寻：参照下图制作一张图表。和孩子一起在家里寻找与书中形状相似的物品，并将物品名称记录在与它对应的立体图形栏目下：

立方体	长方体	棱锥体	球体	圆柱体	圆锥体

2. 建造宇宙飞船：帮助孩子用卡纸或者家中现有的其他物品制作故事中的6种图形，并用这些立体图形来建造属于自己的飞船。

3. 设计太空谜语：根据各种太空图形的特点设计谜语，例如：“它有6个面，各个都一样，猜猜它是谁。”你可以出谜语让孩子猜，也可以鼓励他自己设计谜语给别人猜。

洛克数学启蒙

《虫虫大游行》	比较
《超人麦迪》	比较轻重
《一双袜子》	配对
《马戏团里的形状》	认识形状
《虫虫爱跳舞》	方位
《宇宙无敌舰长》	立体图形
《手套不见了》	奇数和偶数
《跳跃的蜥蜴》	按群计数
《车上的动物们》	加法
《怪兽音乐椅》	减法

《小小消防员》	分类
《1、2、3，茄子》	数字排序
《酷炫100天》	认识1~100
《嘀嘀，小汽车来了》	认识规律
《最棒的假期》	收集数据
《时间到了》	认识时间
《大了还是小了》	数字比较
《会数数的奥马利》	计数
《全部加一倍》	倍数
《狂欢购物节》	巧算加法

《人人都有蓝莓派》	加法进位
《鲨鱼游泳训练营》	两位数减法
《跳跳猴的游行》	按群计数
《袋鼠专属任务》	乘法算式
《给我分一半》	认识对半平分
《开心嘉年华》	除法
《地球日，万岁》	位值
《起床出发了》	认识时间线
《打喷嚏的马》	预测
《谁猜得对》	估算

《我的比较好》	面积
《小胡椒大事记》	认识日历
《柠檬汁特卖》	条形统计图
《圣代冰激凌》	排列组合
《波莉的笔友》	公制单位
《自行车环行赛》	周长
《也许是开心果》	概率
《比零还少》	负数
《灰熊日报》	百分比
《比赛时间到》	时间